B. Eng. Axel Jörn

Verbundwerkstoffe im Flugzeugbau

Jörn, B. Eng. Axel: Verbundwerkstoffe im Flugzeugbau. Hamburg, Bachelor + Master Publishing 2015
Originaltitel der Arbeit: Verbundwerkstoffe im Flugzeugbau

Buch-ISBN: 978-3-95820-325-9
PDF-eBook-ISBN: 978-3-95820-825-4
Druck/Herstellung: Bachelor + Master Publishing, Hamburg, 2015
Covermotiv: © Kobes · Fotolia.com
Zugl. bbw Hochschule, Berlin, Deutschland, Studienarbeit, Juni 2010

Bibliografische Information der Deutschen Nationalbibliothek:
Die Deutsche Nationalbibliothek verzeichnet diese Publikation in der Deutschen
Nationalbibliografie; detaillierte bibliografische Daten sind im Internet über
http://dnb.d-nb.de abrufbar.

© Bachelor + Master Publishing, Imprint der Diplomica Verlag GmbH
Hermannstal 119k, 22119 Hamburg
http://www.diplomica-verlag.de, Hamburg 2015
Printed in Germany

Inhaltsverzeichnis

Abbildungsverzeichnis

Abkürzungsverzeichnis

GFK	Glasfaserverstärkter Kunststoff
GFRP	Glass Fiber Reinforced Plastic
CFK	Kohlenstofffaserverstärkter Kunststoff
BFK	Bohrfaserverstärkter Kunststoff
SFK	Synthesefaserverstärkter Kunststoff
MFK	Metallfaserverstärkter Kunststoff
MWK	Metallwhiskerverstärkter Kunststoff
KFK	Kohlenstofffaserverstärkter Kohlenstoff
CFRP	Carbon Fiber Reinforced Plastic
QFRP	Quarz Fiber Reinforced Plastic
AFRP	Armid Fiber Reinforced Plastic (Kevlar)
GLARE	Glass Rainforced Aluminium
WB	Wide Body
SA	Single Aisle
LR	Long Range
RTM	Resin Transfer Molding
HSS	High Static Strength
XWB	Extra Wide Body
MSN	Manufacturing Serial Number
VAP	Vacuum Assisted Process

1. Einleitung

Aufgrund hervorragender technologischer Eigenschaften und der Möglichkeit diese durch Stoffzusammensetzung zu beeinflussen, sind Verbundwerkstoffe aus einer Vielzahl von Produkten nicht mehr wegzudenken. Vor allem das geringe Gewicht, die hohe Zähigkeit und die besondere Härte machen den Werkstoff interessant für technisch hochanspruchsvolle Produkte. Im Flugzeugbau sind Verbundwerkstoffe seit Mitte der 1970 Jahre fester Bestandteil des Produktes und gewinnen seitdem mehr und mehr an Bedeutung. In dieser Arbeit soll zu Beginn eine allgemeine Übersicht über Verbundwerkstoffe gegeben werden. Dann soll tiefer auf faserverstärkte Verbundwerkstoffe eingegangen werden. Im weiteren Verlauf wird der Fokus auf die Herstellung, die Eigenschaften und den Einsatz selbiger gelegt. Anschließend soll dem Leser der Einsatz von Verbundwerkstoffen im Flugzeugbau im allgemeinen und bei der Firma Airbus im besonderen nähergebracht werden.

1.1. Geschichte und Allgemeines zu Verbundwerkstoffen

Verbundwerkstoffe sind Werkstoffe, die aus zwei oder mehreren Einzelstoffen bestehen und zu einem neuen Werkstoff verbunden werden. Durch diesen besonderen inneren Aufbau aus mehreren Werkstoffen unterscheiden sich die Verbundwerkstoffe grundsätzlich von anderen Werkstoffen der Technik.[1] Bei der Auswahl von Verbundwerkstoffen verfolgt man die Philosophie, dass sie „das Beste aus beiden Welten" bieten sollen (d.h. attraktive Eigenschaften von jeder Komponente). Ein klassisches Beispiel ist Fiberglas. Die Festigkeit der dünnen Glasfasern wird mit der Duktilität der polymeren Matrix[2] kombiniert. Es entsteht ein Produkt, das jeder einzelnen Komponente überlegen ist. Der Katalog der Verbundwerkstoffe besteht aus einer fast unüberschaubaren Breite von Werkstoffen, angefangen bei ganz einfachen bis hin zu komplexen. Fiberglas, Holz und Beton gehören zu den häufigsten Konstruktionswerkstoffen. Die Luftfahrtindustrie hat die Entwicklung technisch ausgereifter Werkstoffsysteme stark vorangetrieben. Zunehmend halten diese auch in zivilen Anwendungen, beispielsweise für Brücken mit verbessertem Festigkeits-/Gewichtverhältnis oder in kraftstoffsparenden Motoren Einzug.[3] Nicht zu den Verbundwerkstoffen gehören die Legierungen. Bei ihnen sind die Einzelstoffe gelöst oder äußerst fein verteilt. Bei Verbundwerkstoffen liegen die Einzelstoffe in größeren Teilchen vor.

---

[1] Vgl. Ignatowitz, E. (1997) S.146.
[2] Matrix: Laminierwerkstoff oder Bindung.
[3] Vgl. Shackelford, J. (2005).

1.2. Innerer Aufbau der Verbundwerkstoffe

Es werden zueinander passende Einzelwerkstoffe miteinander kombiniert, so dass sich die guten Eigenschaften der Einzelstoffe im neuen Stoff vereinen und die nachteiligen Eigenschaften überdeckt werden. Bei den glasfaserverstärkten Kunststoffen ist beispielsweise die hohe Zugfestigkeit der Glasfaser mit der Zähigkeit der Kunststoffe kombiniert. Die Sprödigkeit der Glasfaser und die geringe Festigkeit der Kunststoffe werden überdeckt. Bei den Hartmetallen wird die Härte der Hartstoffe (z.B. Wolframcarbid) und die Zähigkeit der Metalle (z.B. Kobalt) in einem Verbundwerkstoff vereinigt. Die Sprödigkeit der Hartstoffe und die geringe Härte des zähen Metalls treten im Verbund nicht in Erscheinung.[4] Die nächste Abbildung stellt die drei Verbundwerkstoffarten dar.

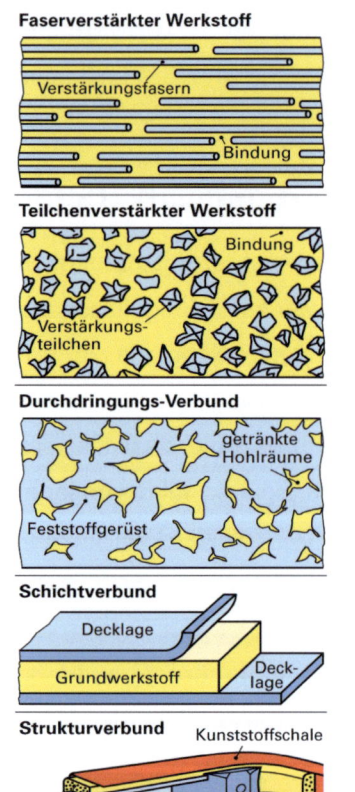

A. Faserverstärkte Verbundwerkstoffe

GFK, CFK, Stahlbeton

B. Teilchenverstärkte und Durchdringungs-Verbundwerkstoffe[5]

Hartmetall (teilchenverstärkt)

schmierstoffgetränkte Sinterlager (Durchdringungsverbund)

C. Schicht- und Strukturverbunde

Plattierte Bleche (Schichtverbund)

Pkw-Stoßfänger (Strukturverbund)

Abbildung 1: Verbundwerkstoffarten

Aus: Dobler, Hans-Dieter. (2003) S. 313.

---

[4] Vgl. Dobler, H. (2003) S. 313.
[5] Diese Art der Verbundwerkstoffe soll in dieser Arbeit nicht weiter behandelt werden.

Durch eine geeignete Auswahl und Kombination von Einzelstoffen ist es möglich, Verbundwerkstoffe mit Eigenschaften herzustellen, die genau auf eine technische Anforderung passen.

1.3. Faserverstärkte Verbundwerkstoffe

Bei ihnen soll die hohe Festigkeit von Fasern auf den Verbund übertragen werden. Die Verstärkung erfolgt überwiegend in Faserrichtung. Deshalb werden --je nach Anwendung- unterschiedliche Faseranordnungen ausgeführt. Bei flächigen Bauteilen ist die Faserrichtung stets die Verstärkungsrichtung. Die Fasern werden als Endlosfasern oder Faserabschnitte eingesetzt. Die folgende Grafik dient dazu, das eben Beschriebene zu verdeutlichen.[6]

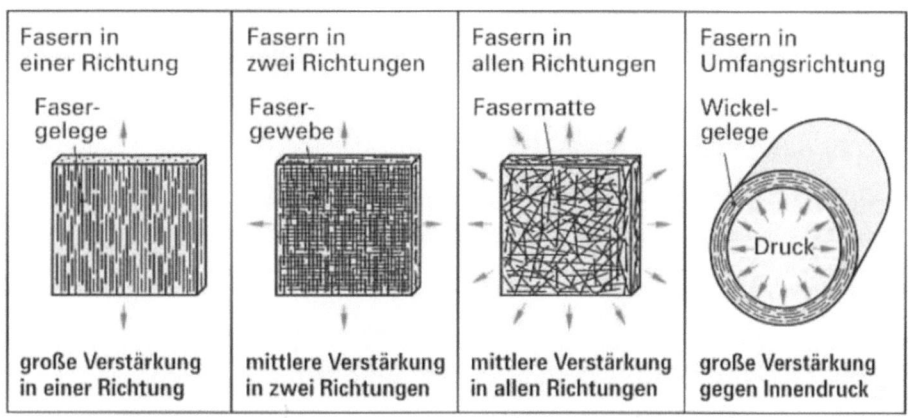

Abbildung 2: Faseranordnung und Verstärkungsrichtung

Aus: Ignatowitz, E. (1997) S. 147.

1.3.1. Glas- und Kohlenstofffaserverstärkte Kunststoffe

GFK besteht aus dünnen Glasfasern (10 bis 100 µm dick) und einer Kunststoffbindung aus meist ungesättigten, duroplastischen Polyesterharzen (GF-UP) oder Epoxidharz (GF-EP), aber auch aus Thermoplasten. Sie vereinen die hohe Zugfestigkeit der Glasfasern (bis 1000 N/mm²) mit der Zähigkeit und Korrosionsbeständigkeit der Kunststoffe in einem neuen Werkstoff, der zudem eine geringe Dichte von 1,6 bis 2 kg/dm³ aufweist. Die einzelne Faser ist zur besseren Handhabung in Strängen (Rovings) mit mehreren tausend Einzelfasern zusammengefasst oder zu Matten, Gewebe und Vlies verarbeitet. Je nach Menge und Richtung der eingelegten Fasern erhält man unterschiedlich verstärkte Kunststoffver-

---

[6] Vgl. Ignatowitz, E. (1997) S. 147.

bunde. Anstatt Glasfasern können auch teure Kohlenstofffasern eingesetzt werden. Dann spricht man von besonders biegesteifen und extrem hochfesten CFK.[7] Außerdem gibt es noch BFK Bohrfaser-, SFK Synthesefaser-, MFK Metallfaser- und MWK Metallwhiskerverstärkter Kunststoff.[8]

1.3.2. Anwendung, Herstellung und Verarbeitung

A. Anwendung von CFK und GFK:

Hauptsächlich werden faserverstärkte Kunststoffe im Fahrzeug- und Flugzeugbau eingesetzt. Zum Beispiel für Strukturteile, Karosserieteile, Verkleidungen, LKW-Blattfedern und Kardanwellen. Aber auch bei der Sportgeräteherstellung und im Bauwesen sind sie nicht mehr wegzudenken. So werden Ski, Tennisschläger, Bootkörper, Tanks und Dächer heute aus CFK oder GFK gefertigt. Auch im Maschinen- und Anlagenbau finden diese Werkstoffe vielfache Verwendung. Man fertigt daraus Zahnräder, Formteile, Rohrleitungen, Karosserieteile und Behälter.

C. Herstellung von CFK und GFK:

Es gibt je nach Länge und Verlegeart der Fasern verschiedene Herstellungsverfahren. „Mit Kurzfasern von rund 1 mm Länge verstärkte Formmassen aus Thermoplasten und Duroplasten werden durch Spritzgießen oder Formpressen meist zu kleinformatigen Bauteilen, wie z.B. Zahnrädern, verarbeitet. Mittelgroße Bauteile, wie z.B. Pkw- und Lkw-Karosserieteile werden durch Einlegen einer mit Duroplastharz vorgetränkten Glasfasermatte (Vor-Laminat) in das Formwerkzeug einer Presse und anschließendes Formpressen gefertigt.[9] Durch Handlaminieren können große Bauteile, wie z.B. Bootskörper, hergestellt werden. Dabei werden Glasfasermatten lagenweise aufgetragen und durch Aufspritzen mit Harz getränkt. Die nächste Abbildung stellt typische GFK Bauteile und deren Herstellung dar.

B. Verarbeitung von CFK und GFK:

CFK und GFK können wie harte Kunststoffe mit allen spanenden Verfahren bearbeitet werden. Es sollten wegen der Härte der Fasern jedoch Hartmetall-Werkzeuge verwendet werden. Das Fügen kann durch Verschrauben oder Kleben erfolgen. Schäden an GFK-Bauteilen können durch Füllen der Schadstelle mit Harz-/Fasergewebestücken geschlossen werden.

---

[7] Vgl. Ignatowitz, E. (1997) S. 147.
[8] Vgl. ebda. S. 270.
[9] Vgl. Dobler, H. (2003) S. 314.

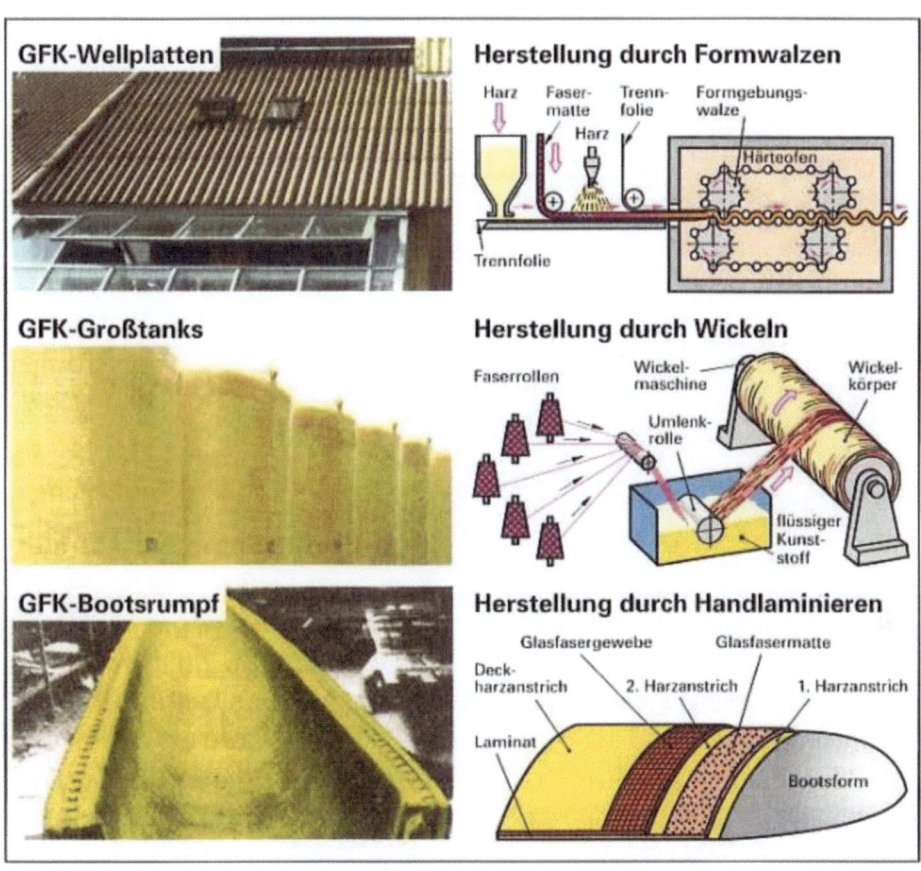

Abbildung 3: Bauteile aus GFK und ihre Herstellung

Aus: Ignatowitz, E. (1997) S. 147.

1.3.3. Schichtverbunde

Durch die Verbindung mehrerer Lagen verschiedener Werkstoffe können bestimmte vorteilhafte Eigenschaften (mechanische, wärmetechnische und chemische) in einem Bauteil vereint werden. Zu den Schichtverbundwerkstoffen gehören: Holz-Schichtverbunde, Kunstharz-Schichtverbunde, Kernverbunde und Bau-Schichtverbunde (Gipskartonplatten, Wärmedämmbahnen, Bitumenbahnen Plattierte Bleche und Bimetalle). Für den Einsatz im Flugzeugbau sind lediglich die Kernverbunde (Sandwichbauteile) interessant. Sie bestehen aus zwei Decklagen, z.B. Aluminiumblech, zwischen die eine versteifende Fülllage, z.B. aus Hartpappwaben, Hartschaumstoff oder Aluminiumwaben eingeklebt ist. Sie sind formstabil, dabei extrem leicht und bei Pappe- oder Schaumstoff-Fülllagen wärme- und kühldämmend. Im Flugzeugbau wird dieser Verbund auch Honeycumb genannt. Aus ihm werden unter anderem hochsteife Strukturteile gefertigt.[10]

Abbildung 4: HexaPano® Aluminium-Honeycombpanel

Aus: URL_Theeuropeanvancompany

2. Verbundwerkstoffe in der Luftfahrt

Der nun folgende Abschnitt soll dem Leser die Geschichte der Verbundwerkstoffe beim Flugzeugbauer Airbus näher bringen. Zum ersten Mal wurden Verbundwerkstoffe beim englischen und amerikanischen Militär eingesetzt. In der von Grumman gebauten F14 wurde in einer Serienproduktion 58 kg Verbundwerkstoff, davon etwa 29 kg Bor verbaut. Die Serie umfasste 469 Stück. Bei der F15 von McDonnell waren es dann schon ca. 91kg Bor-Epoxid (BFK). „North Rockwell hatte den Auftrag für 7 Prototypen von B-1-Bombern erhalten, in denen jeweils etwa 450 kg Verbundwerkstoff eingeplant waren."Das erste KFK-Teil in einem amerikanischen Flugzeug war eine Flügelvorderkante bei der F 5 A von Northrop. „Die ersten kommerziellen Anwendungen von modernem Verbundwerkstoffmaterial sind die Bodenträger der Boeing 707, die mit einem borfadenverstärkten Gurt versehen sind."[11] Nach der Bewährungsprobe in englischen Jagdflugzeugen wurden auch die Bremsbeläge bei der „Concorde" aus KFK hergestellt. Möglicherweise sind diese Beläge die ersten aus Verbundwerkstoff gefertigten Bauteile bei der Firma Airbus.

---

[10]Vgl. Ignatowitz, E. (1997) S. 151.
[11] Vgl. Taprogge, R. (1975) S. 127 f.

2.1. Die Einführung der Verbundwerkstoffe bei Airbus

Die Einführung der Faserverbund-Technologie erfolgte bei der Firma Airbus Mitte der 1970er Jahre. Damals dachte niemand ernsthaft an den Einsatz kohlefaser-verstärkter Kunststoffe in Großbauteilen. Es begann mit der Umstellung der Lan-deklappen in CFK-Bauweise beim WB[12] Flieger Airbus A310. Es folgte die Ein-führung des kompletten Seitenleitwerks und der Finbox[13] ab 1985. „Es ging dabei nicht um die Reduzierung des Gesamtgewichtes. Das Flugzeug war im hinteren Teil ein wenig zu schwer", erinnert sich Hartmut Mehdorn, der seinerzeit für die Produktion verantwortlich war. Die Lösung brachte ein Seitenleitwerk aus CFK, durch das das Gewicht um über 250 Kilogramm verringert werden konnte. „Das hat vorher noch niemand gewagt", sagt Mehdorn.[14] 1988 folgten weitere Klappen im SA[15]-Programm. Anschließend wurden die ersten durch RTM-Verfahren her-gestellten Strukturteile und Thermoplast Komponenten in der Finbox im LR[16] Flugzeugprogramm eingeführt.

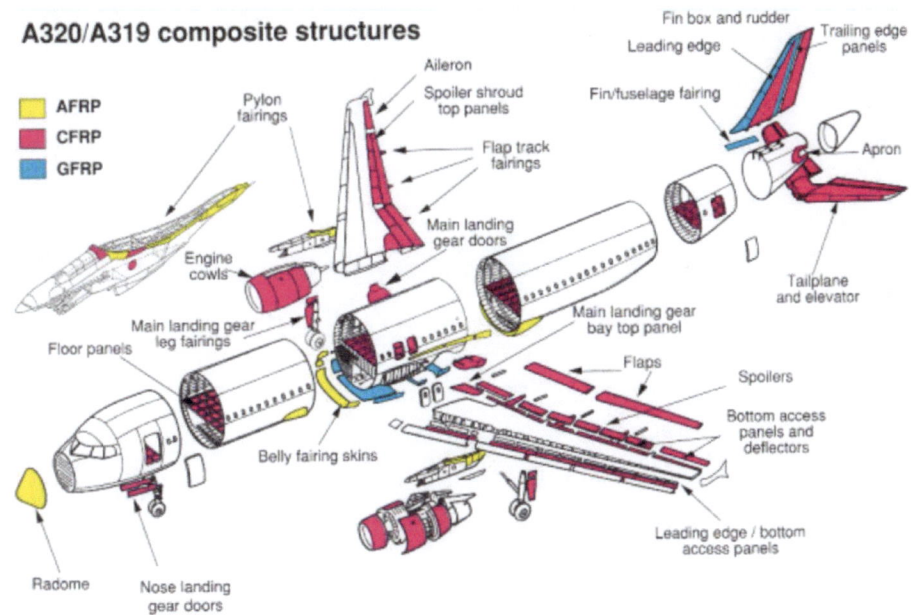

Abbildung 5: A320 Stand 1988-1998 mit 5% Verbundwerkstoffe

Aus: Rückert, C. (2000) S. 3.

Positive Erfahrungen mit diesen neuen Technologien waren, dass es keine Mate-rialermüdung, keine Korrosion, keine Schäden durch Betriebsbeanspruchung mehr gab, das Gewicht reduziert werden konnte und es dadurch zur positiven

---

[12] Wide Body Program: Airbus A300-100/200/300/600, A310-200/300.
[13] Finbox: Ruderkasten.
[14] Vgl. Anhang 1: Verbundwerkstoffe: Kampf dem Übergewicht.
[15] Single Aisle Program: Airbus A318-100, A219-100, A320-100/200, A321-100/200.
[16] Long Range Program: Airbus A330-200/300, A340-200/300/500/600.

Resonanz der Kunden kam. Kritisch war jedoch der Fakt, dass es zu Wasserauf-
nahme im Flugbetrieb kam und dass der Einsatz in gefährdeten Zonen (Boden-
fahrzeuge) nicht gewünscht war. Denn eventuelle Beschädigungen durch Kollisi-
onen könnten zu unsichtbaren Schäden führen. Nach diesem sehr erfolgreichen
Start der neuen Werkstoffe trat in den 1990er Jahren eine Stagnation in der Entwicklung ein. Im Jahre 1994 gab es sogar einen Rückschlag, da die inneren Lan-
deklappen wieder aus Metall gefertigt wurden.[17]

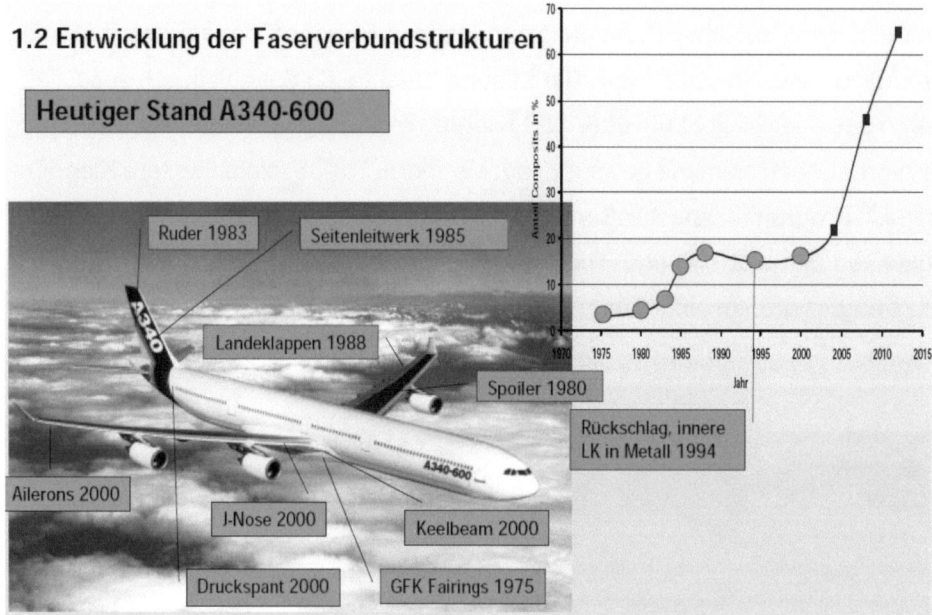

Abbildung 6: Entwicklung der Faserverbundstrukturen bei Airbus

Aus: Rückert, C. (2001) S.4.

Gründe für diese Rückentwicklung waren, dass ausschließlich Prepreg und die
Autoklav-Technologie angewandt wurden. Es gab zu wenig Automatisierung und
die Teile mussten weiterhin in kostspieliger Handarbeit gefertigt werden. Die Vorteile des höheren Integrationsgrades wurden anfangs überbewertet. Dieses führte zu sehr viel höheren Herstellungskosten im Vergleich zur Metallbauweise. Außerdem verschlechterten Fehler bei Sandwichbauteilen den Ruf. Die neuen
Werkstoffe wiesen eine ungenügende Reparaturfreundlichkeit auf und die teil-
weise konservative Dimensionierung führte dazu, dass spezifische Vorteile nicht
genutzt wurden. Auch sekundäre Attraktivitätsfaktoren (Korrosionsfreiheit, keine
Ermüdung, Brandverhalten) wurden bei der Einschätzung nicht ausreichend be-
rücksichtigt. Daher stellte man sich die Frage „Leichtbau um jeden Preis?" und
kam zu dem vorläufigen Schluss: „Leichtbau konnte am Markt nicht erlösfähig

---

[17] Vgl. Rückert, C. (2001) S. 4-7.

eingesetzt werden." Es mussten Lösungsansätze her. Als erstes brauchte man eine ganzheitliche Bewertung aller Vor- und Nachteile wie Kunden- und Herstellernutzen und Energiebilanzen für die Herstellung. Auch sollten und die sekundären Vorteile bewertbar gemacht werden. Weiterhin mussten die Herstellerkosten gesenkt werden. Man musste weg vom Nischenprodukt, um die Materialpreise zu senken. Außerdem machte man sich auf die Suche nach neuen Herstellungsverfahren und Technologien. Auch bei unbestrittenen Vorteilen im Betrieb muss der Leichtbau mit Faserverbundwerkstoffen erlösfähig werden.[18]

2.1.1. Die Verfahren und Technologien aus der Krise

A. Werkstoffentwicklung CFK Prepregs
Die geforderten Eigenschaften haben sich im Laufe der Entwicklung immer spezieller herausarbeiten lassen.[19]

B. Resin Infusion und MAG Verfahren
Hierbei werden flächige Halbzeuge mit Harz imprägniert, während der Harzfluss senkrecht zur Faser verläuft.[20]

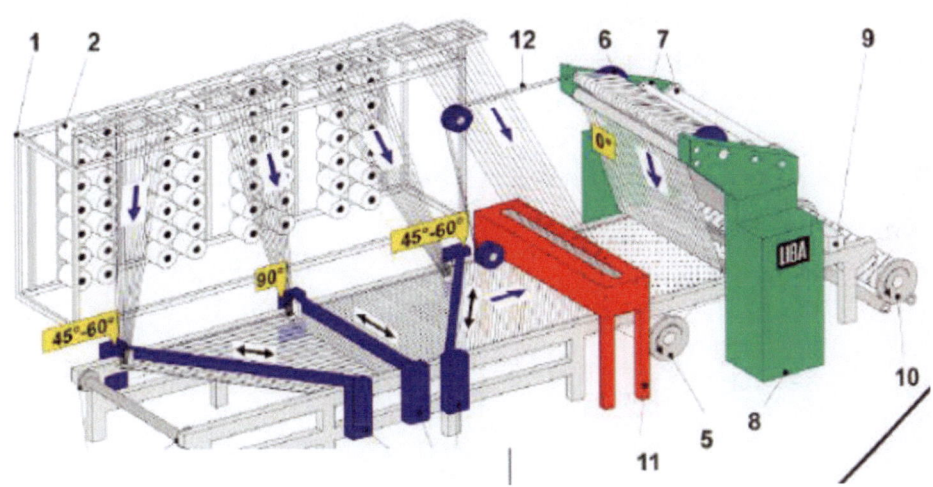

Abbildung 7: Resin Infusion und MAG Verfahren

Aus: Rückert, C. (2000) S. 9.

C. Resin Transfer Molding RTM und Tailored Fibre Placement
Oder Harzinfusionsverfahren. Dabei wird das Harz mit Vakuumunterstützung entlang der Faser-Lagen in das Faserhalbzeug gesogen. Durch die geschlossene Vorrichtung erhält man eine geringe Maßtoleranz und eine hohe innere Quali-

---

[18] Vgl. Rückert, C. (2000) S. 4-5.
[19] Vgl. Rückert, C. (2001) S. 9.
[20] Vgl. Rückert, C. (2000) S. 9.

tät. Dadurch ist das Verfahren sehr gut geeignet für komplexe und kleine Bauteile. Die Längskraftbeschläge des Seitenleitwerk des A340 konnten durch die Einführung dieses RTM-Verfahrens mit 40% Kosteneinsparung hergestellt werden. Auch die Herstellung der Lagerung des Höhenleitwerkes des A340-500/600 wurde auf dieses Verfahren umgestellt.[21]

D. Umformen von Thermoplasten

„Bleche" aus langfaserverstärkten Thermoplasten werden außerhalb der Presse aufgeheizt, in der Presse auf einen positiven Kern (z.B. Holz) mittels Gummikoffer im Oberwerkzeug umgeformt. Außerdem wurden neue Schweißverfahren für Thermoplaste eingesetzt. Zum Beispiel wurde die Rudernase des A330-200 seither mit Induktionsschweißen gefügt.[22]

E. Tow Placement

Dies ist eine Kombination aus Tapelegen und Wickeln. Dabei werden bis zu 32 Garne(Tows) parallel auch auf nicht geodätischen Pfaden gelegt. Der benötigte Vorschub wird individuell geregelt und die Garne einzeln abgelängt. Durch diese an das Bauteil angepasste Methode entsteht nur ein minimaler Verschnitt an den Rändern und den Ausschnitten.[23]

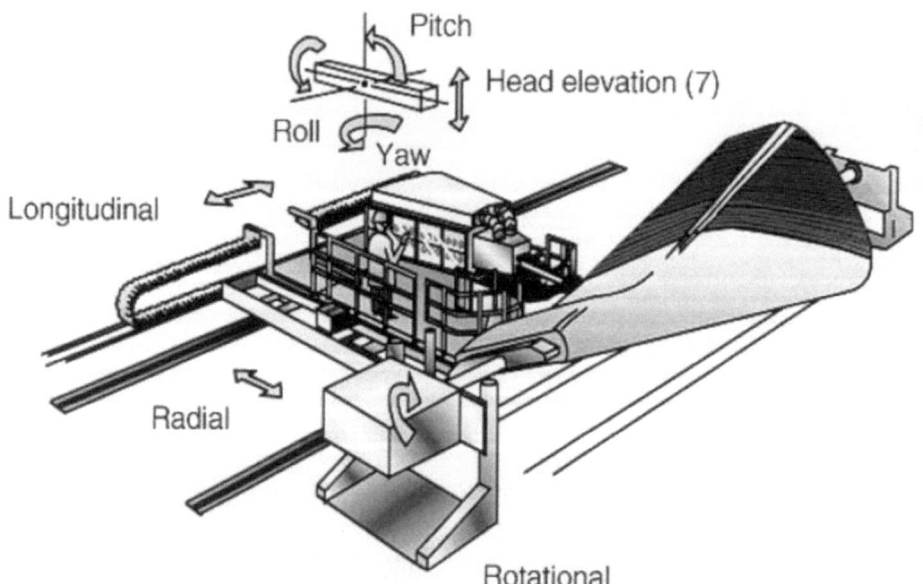

Abbildung 8: Wickelmaschine für Tow Placement-Verfahren

Aus: Rückert, C. (2000) S. 13.

---

[21] Vgl. Rückert, C. (2000) S. 11.
[22] Vgl. ebda. S. 12.
[23] Vgl. ebda. S. 13.

F. CFK-Druckkalotte A340-500/600

Die Herstellung der Druckkalotte aus CFK führte ebenfalls zur erheblichen Gewichtsreduzierung und Popularitätssteigerung der „neuen Werkstoffe".

Gegenüberstellung Metall und CFK-Druckkalotte

Einzelteile Metallvariante

- 6 Al–Segmente
- 24 Stringerprofile.
- 3 konzentrische Titanlaschen
- 5 konzentrische Al-Profile
- 24 Titan Laschen
- Ca. 8000 Verbindungselemente[24]

Einzelteile CFK-Variante

- diskret versteiftes Bauteil

Abbildung 9: CFK-Druckkalotte A340-500/600

Aus: Rückert, C. (2000) S.16.

G. CFK – Flügel im Bruchversuch

Im Zuge dieser neuen Technologien wurde ein ganzer CFK-Flügel hergestellt. Er diente der Vorbereitung für den A380-Außenflügel und den Flügeln für den Airbus A400M-Militärtransporter.[25] Auf der nächsten Seite findet sich eine Abbildung dieses Versuches. Beim LR-Flugzeugprogramm, also den Airbus A330 und A340, wurde schon ein Verbundwerkstoffanteil von 8% erreicht. Die zweite Abbildung auf der folgenden Seite stellt die Einsatzorte der verschiedenen Strukturen dar.

---

[24] Vgl. Rückert, C. (2000) S. 16.
[25] Vgl. ebda. S. 18.

Abbildung 10: CFK-Flügel im Bruchversuch

Aus: Rückert, C. (2001) S. 18.

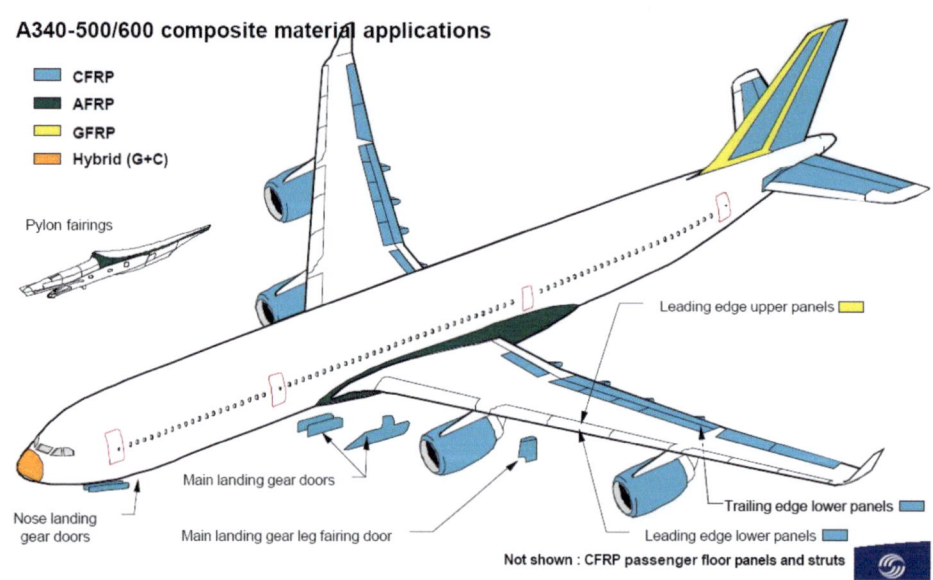

A340-500/600 composite material applications

- CFRP
- AFRP
- GFRP
- Hybrid (G+C)

Pylon fairings

Leading edge upper panels

Nose landing gear doors

Main landing gear doors

Main landing gear leg fairing door

Trailing edge lower panels

Leading edge lower panels

Not shown : CFRP passenger floor panels and struts

Abbildung 11: Airbus A340-500/600 mit einem Verbundwerkstoffanteil von 8%

Aus: Airbus SAS (2005) S.12.

2.2. Neue Komponenten mit dem Airbus A380

Bei der Entwicklung des Airbus A380 standen nun eine Menge ausgereifter Technologien zur Verfügung, die die Superlative dieses Flugzeuges erst möglich machen. So besteht nur noch 52% der Struktur aus Aluminiumlegierungen und Verbundwerkstoffe kommen auf einen Anteil von 22%. Die folgende Grafik stellt die Anteile der verwendeten Werkstoffe des Rumpfes dar.

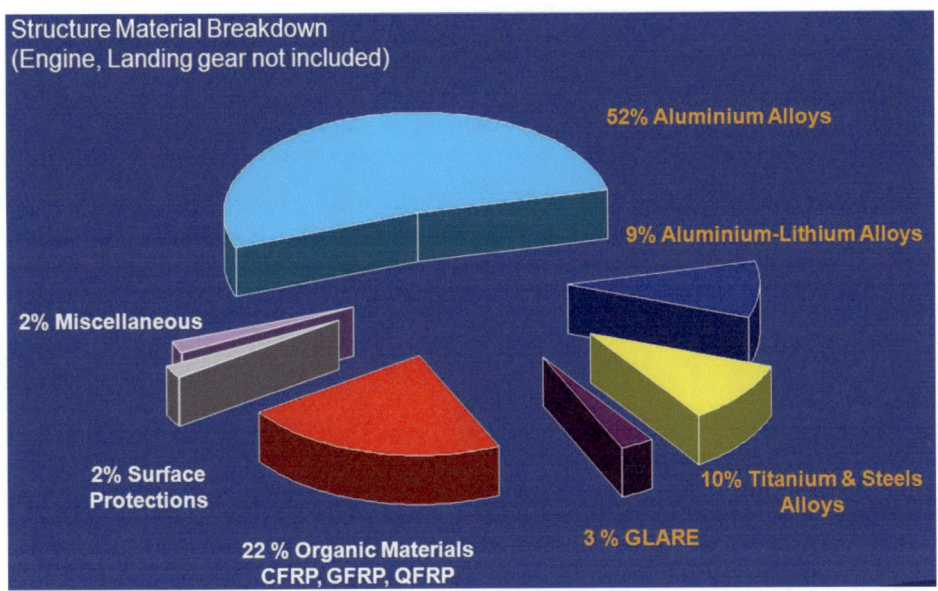

Abbildung 12: Anteile der Werkstoffarten im Airbus A380

Aus: Grosjean, E. (2005) S. 4.

Es gibt aber auch Nachteile, wie die fehlende elektrische Leitfähigkeit oder Schwierigkeiten bei der Feststellung von Schäden. Zudem sind Verbundwerkstoffe teurer als Aluminiumlegierungen. Dadurch muss Airbus den Einsatz verschiedener Werkstoffe genau abwägen. Der Ansatz lautet, den richtigen Werkstoff an der richtigen Stelle einzusetzen. Welche Komponenten aus welchem Werkstoff gefertigt werden, ist unter anderem von den folgenden Konstruktionskriterien abhängig: Kabineninnendruck, Vogelschlag, Korrosionsgefährdung, Flügelkasten- und Fahrwerkbereich. Die unten stehende Grafik zeigt die Verteilung der eigesetzten Werkstoffe. Die Reduzierung des Strukturgewichts durch den Einsatz von Verbundwerkstoffen bewirkt eine Reduzierung des Kraftstoffverbrauchs. Weil sie nicht korrodieren, wird außerdem die zum Schutz der Strukturbauteile erforderliche Menge an Chemikalien reduziert. Daher sind sie ein wesentlicher Faktor bei der Verringerung der Umweltauswirkungen. Darüber hinaus werden die Wartungsintervalle der Flugzeuge von sechs auf zwölf Jahre verlängert. Die Airlines profitieren erheblich durch die Senkung ihrer Wartungskosten.[26] Verbundwerkstoffe kamen aber nicht nur in der Struktur zum Einsatz. So bestehen z.B. die Fußbodenplatten aus einer Papierwabe (Honeycomb), die zwischen mehreren Schichten CFK-Gelege eingeschlossen ist. Die Ober- und Unterseite bestehen jeweils aus einer Lage GFK-Gelege.[27]

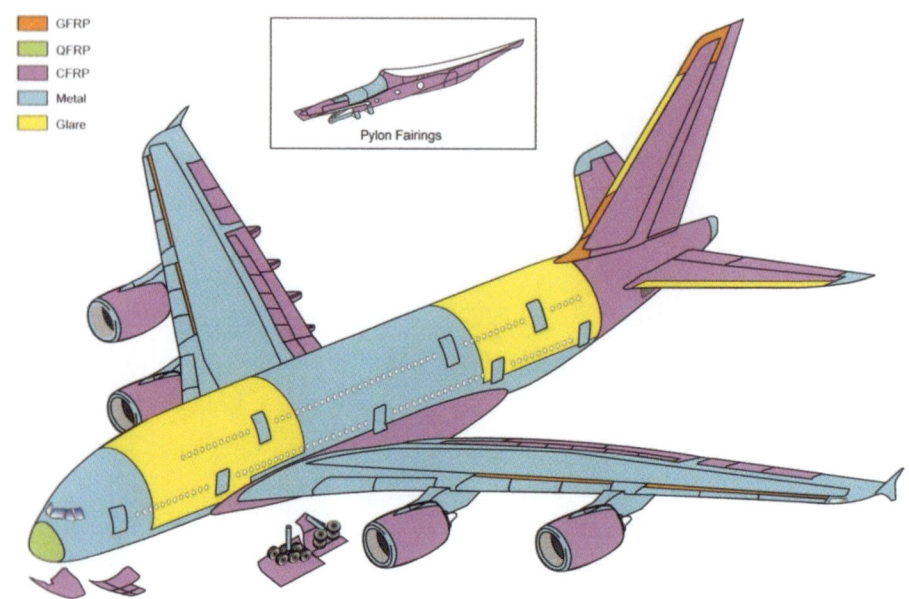

Abbildung 13: Werkstoffverteilung beim A380 mit 22% Verbundwerkstoffen

Aus: Figgen, A. (2005) S.24.

GFRP	Glass Fiber Reinforced Plastic (GFK)
CFRP	Carbon Fiber Reinforced Plastic (CFK)
QFRP	Quarz Fiber Reinforced Plastic
AFRP	Armid Fiber Reinforced Plastic (Kevlar)
GLARE	Glass Reinforced Aluminium

2.2.1. Die im A380-Rumpf verwendeten Verbundwerkstoffe

In diesem Abschnitt sollen die bisher noch nicht vorgestellten Werkstoffe, welche im Airbus A380 verbaut sind, genauer betrachtet werden. GFRP (GFK) und CFRP (CFK) wurden schon im ersten Teil dieser Arbeit behandelt.

---

[26] Vgl. Anhang 1: Verbundwerkstoffe: Kampf dem Übergewicht.
[27] Vgl. Vuillequez, A (2009): One 35, S 10

14

A. GLARE®

Standard GLAER® ist ein Hybridmaterial (Fiber Metal Laminates), aufgebaut aus wechselnden Schichten verklebter Aluminiumfolie mit unidirektionalen Glasfasern. Die Stärke der Aluminiumfolien beträgt 0.3-0.5 mm und es wird das Glasfaserprepreg „FM94 Epoxidharz" verwendet. Dieses ist bis zu 120° C hitzebeständig.

B. HSS GLARE®

HSS GLARE steht für High Static Strength GLARE. Bei diesem Verbund wird das FM906 Epoxidharz mit einer Hitzebeständigkeit von 180°C eingesetzt.[28] Es wurde eigens entwickelt, um eine signifikante Verbesserung der Statikeigenschaften gegenüber Standard GLAER zu erzielen. Die Streckgrenze wurde um 30% erhöht, die Bruch- und Zerreißfestigkeit um 12% und die Kerbschlagzähigkeit um 10% verbessert. Andere Eigenschaften wie Steifigkeit, Korrosions-, Entflammbarkeits- und Brandeigenschaften sowie die Dichte sind gleich der des Standard GLARE`s. Das Schadenstoleranzverhalten wurde zwar reduziert, bleibt aber besser im Vergleich zu Aluminiumlegierungen.[29]

Abbildung 14: Aufbau von GLARE und innere Struktur

Aus : Grosjean, E. (2005) S. 10.

C. AFRP (Kevlar®)

Laut Definition ist „eine Aramid-Faser eine synthetische Faser, bei der die faserbildende Substanz ein langkettiges synthetisches Polyamid ist, bei dem mindestens 85% der Amidgruppen direkt an zwei aromatische Ringe gebunden sind."[30] Kevlar ist eine solche Aramid-Faser, hergestellt seit 1973 von der Fa. Du Pont. Ihre chemische Struktur wurde nicht bekannt. Es ist eine hochkristalline Faser mit

---

[28] Vgl. Grosjean, E. (2005) S.10.
[29] Vgl. ebda. S.11.
[30] Vgl. Elias, H. (1975) S. 129.

hohem Elastizitätsmodul, die mit Stahl und E-Glas konkurriert. Kevlar ist selbsverlöschend, wenn die Flamme entfernt wird. „Beide Polymere schmelzen nicht sondern verkohlen lediglich. Da beide Typen mit den meisten Epoxid-, ungesättigtigten Polyester-, Phenol- und Polyamid-Harzen verträglich sind, dienen beide zur Verstärkung dieser Kunststoffe."[31] Kevlar ist nicht färbbar und besitzt einen negativen Ausdehnungskoeffizienten von

$$-2 \cdot 10^{-6} \, K^{-1}.$$

D. QFRP

In Quarz faserverstärkten Verbundstrukturen wird Siliciumoxid mit in das Harz des CFK gemischt. Er sorgt dafür, dass das Material durchlässig für die Radarstrahlen ist. Daher der Einsatz an der „Nase" (Radom) des Airbus A380.[32]

2.3. Neue Komponenten mit dem Airbus A350 und A400M

Die jüngsten Errungenschaften auf diesem Gebiet finden sich in der noch laufenden Entwicklung zum Airbus A350 XWB. Er soll später zu 53% aus faserverstärken Verbundwerkstoffen bestehen.[33] So wurde im September 2010 mit der Flugerprobung eines 15 m² großen Rumpfschalensegmentes aus CFK begonnen. Dieses wurde in eines der Testflugzeuge die MSN[34] 0001, ein Airbus A340, eingebaut. Bei dem dreiwöchigen Versuch sollen die Schalldämmungseigenschaften von CFK bei Druckbeaufschlagung ermittelt werden. Im August wurde in den Standorten Illescas (Spanien) und in Stade mit der Fertigung der Flügelunterbzw. Flügeloberschalen begonnen. Schon im Dezember 2009 lief die Fertigung des Flügelmittelkastens in Nantes (Frankreich) an.[35] Der Augsburger Standort der Premium AEROTEC[36] ließ sich im März 2009 das VAP®-Verfahren patentieren. Mit diesem lassen sich CFK Großbauteile kostengünstiger, schneller und leichter als bisher fertigen. „Während bei herkömmlichen Bauweisen von Flugzeug-Strukturbauteilen die Längsversteifungen (‚Stringer') noch in einem separaten Montageprozess mit der Außenhaut (‚Skin') verbunden werden mussten, erfolgt die Verbindung bei diesem neu entwickelten Verfahren in nur noch einem Herstellungsschritt, bei dem die Stringer und Skin in einem integrierten Prozess gefertigt werden (‚one shot'). Dies spart nicht nur teure Montagezeit, sondern auch Tausende Verbinder zwischen Skin und Stringer und damit Gewicht. Verglichen mit herkömmlichen Verfahren entfallen bei dem Bauteil - das obere Fracht-

---

[31] Vgl. Elias, H. (1975) S. 130 f.
[32] Vgl. Figgen, A. (2005) S.24.
[33] Vgl. Anhang 7: Stade Celebrates A350 XWB Production Launch.
[34] MSN: Manufacturing Serial Number.
[35] Vgl. Anhang 2: Flugerprobung von Composite-Rumpfschale für die A350 gestartet.
[36] EADS Tochter, frühere Airbuswerke in Augsburg, Vaerel, Nordenham und Laubheim.

tor (7x5 Meter) für die A400M - etwa 3.000 Verbindungselemente. Beim VAP®-Verfahren wird mittels Vakuumunterstützung Harz in das Carbon-Gewebe infiltriert. Ein Vorteil dieser neuen Technologie: Auf teure Autoklave kann verzichtet werden; zur Aushärtung des Harzes genügt ein temperaturgesteuerter Ofen. Neben den Kostenvorteilen verkürzt diese patentierte Technik im Vergleich zu herkömmlichen Verfahren die Herstellungsdauer und reduziert das Gewicht der Bauteile. Die VAP®-Technologie ist weltweit einmalig und wird nicht nur neue Maßstäbe im Flugzeugbau setzen, sondern sich auch in anderen Wirtschaftszweigen durchsetzen."[37] Eine weitere Neuheit ist das Forschungsprojekt zum CFK-Vorflügel bei Airbus in Bremen. Er soll die unerwünschte Eisbildung verhindern und kann eine Gewichtseinsparung von 10 bis zwanzig Prozent einbringen. „Diese Idee mündete in mehrere Patentanmeldungen. Auf dem Weg zum Ziel mussten unterschiedliche Herausforderungen gemeistert werden: neben der Kontrolle von Strukturbelastungen beispielsweise auch Blitzschutzanforderungen und Vogelschlagszenarien. Ferner wurde ein Thermoplast-Schweißverfahren entwickelt, mit dem einzelne CFK-Elemente verbunden werden können, ohne Nieten zu verwenden. Ein weiterer Erfolg dieses Forschungsvorhabens ist die Tatsache, dass in der A350 XWB die Vorflügel 6 und 7 in einer Hybrid-Bauweise umgesetzt werden. Hybrid bezeichnet in diesem Zusammenhang eine sinnvolle Kombination von metallischen und CFK-Elementen, um die Vorteile beider Werkstoffe optimal nutzen zu können."[38] Für das Problem des Blitzschutzes für Metallstrukturbauteile gibt es bereits eine Lösung. „Der elektrische Widerstand des Materials ist größer als der von Metallstrukturbauteilen. Außerdem sind Verbundwerkstoffe hitzeempfindlich. Wenn es jedoch zu einem Blitzschlag kommt, muss die elektrische Energie ebenso effektiv über die CFK-Hautfelder geleitet werden wie über Flugzeugzellen aus Metall." So wurden in die CFK-Panels Metallfolien eingebettet, welche die elektrische Ladung schnell genug in der Struktur verteilt. „Die aus CFK bestehende hintere Rumpfsektion der A380 ist bereits mit einer Bronzefolie versehen. Die Idee ist also nicht vollkommen neu und wurde bereits im Betrieb getestet. Im Unterschied dazu wird die Folie bei der A350 XWB aus Kupfer bestehen, welches eine höhere elektrische Leitfähigkeit besitzt und daher eine schnellere Blitzableitung ermöglicht. Als Nächstes werden spezifische Reparaturlösungen für durch Blitzeinschlag verursachte Schäden entwickelt."[39] Die folgende Abbildung zeigt zwei Bremer Airbus-Mitarbeiter beim Legen der Blitzschutzla-

---

[37] Vgl. Anhang 3: Innovationspreis für CFK-Infusionstechnik.
[38] Vgl. Anhang 4: Innovation „Beheizbarer CFK-Vorflügel".
[39] Vgl. Anhang 5: Metallfolie Schützt CFK vor Blitzen.

gen für die Flügelaußenseite des Airbus A400M. Sie bestehen aus dünnen Kupferlagen, getränkt in einem Harz.

Abbildung 15: Legen der ersten Blitzschutzlagen in die A400M Flügelschale

Vgl: Vuillequez, A.: One 43 S. 22 Neustart nach der Zwangspause.

Bei den Airbus A350 Flügelschalen wird die Blitzschutzlage zusammen mit der Kohlefaser vom Tapeleger automatisch eingebracht.[40] In Nordenham bei Premium AEROTEC werden seit 2010 für die vorderen A350 XWB-Rumpfsektionen (Sektion 13/14) je zwei Seiten- sowie Ober- und Unterschalen gefertigt und dann zur kompletten Rumpfsektion inklusive Fußbodenquerträgern integriert. Der Aufbau der Harzfaser-Legemaschine (Fiber-Placement-Anlage) für die CFK-Rumpfschalen ist ebenfalls erfolgt. Für die Fertigung der Rumpfsektionen wurde ein 320 Tonnen schwerer, 21 Meter breiter sowie 7 Meter im Durchmesser großer Autoklav installiert. Der „Koloss" kostete sechs Millionen Euro und in ihm können Rumpfschalen von bis zu 17,8 mal 5,6 Meter ausgehärtet werden.[41] Am 16.09.2010 wurde die vermutlich größte Herausforderung der letzten Jahren gemeistert. Mit einer Länge von 32 Metern, einer Breite von 7 Metern und einer Oberfläche von 100m² ist die Flügelunterschale des A350 eines der größten CFK Bauteile in der Geschichte der Luftfahrtindustrie. Das Riesenbauteil mit der Präzision eines Schweizer Uhrwerks macht ein Drittel des Flügelgewichtes aus und wurde im spanischen Airbus-Werk in Illescas gefertigt.[42]

---

[40] Vgl. One 46 S. 26 Stade feiert A350 XWB-Produktionsstart.
[41] Vgl. Anhang 6: Neuer Autoklav für A350 XWB Angekommen.
[42] Vgl. Vuillequez, A. (2014): One 47 S. 9 Fertigung in Spanien angelaufen.

Diese Abbildungen zeigen die geplante Werkstoffverteilung des Airbus A350.

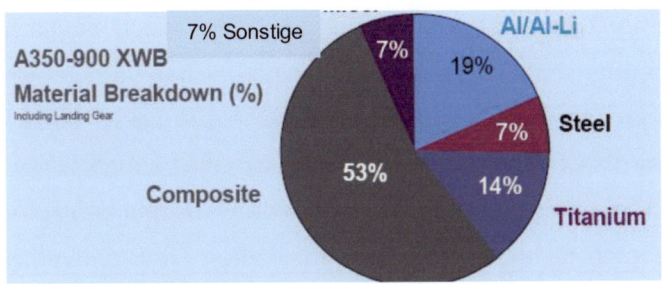

Abbildung 16: Werkstoffanteile im Airbus A350

Aus:Räckers,B. (2010) S.3.

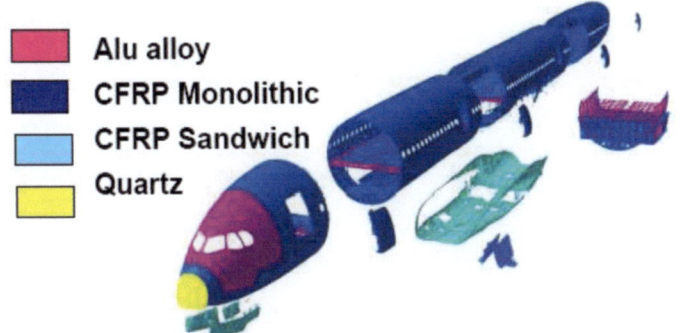

Abbildung 17: Die geplante Werkstoffverteilung des Airbus A350

Aus:Tropis, A. (2009) S.11.

Die Indienststellung des A350 XWB ist für Mitte 2013 vorgesehen. [43] Es bleibt jedoch abzuwarten, ob es bei einer solchen Vielzahl an neuen Werkstoffen, Technologien, Fertigungsverfahren und Innovationen in einem so engen Zeitplan zu Verzögerungen kommen und ob der Anteil an Verbundwerkstoffen tatsächlich so hoch ausfallen wird.

3. Zusammenfassung

Anhand der rasanten Entwicklung in den letzten Jahren lässt sich erahnen wie viel Potential in der Entwicklung und den Einzatzmöglichkeiten dieser Werkstoff-kombinationen steckt. Es gibt bereits Überlegungen elektrische Leitungen in die Flugzeugstruktur einzulaminieren, um noch mehr Platz zu sparen und um den Verlegeaufwand zu minimieren. Ob diese Kabel dann auch mechanische Kräfte aufnehmen können und sollen bzw. wie sich diese auf das Statikverhalten des Bauteiles auswirken, gilt es zu untersuchen. Weiteres Potenzial für Verbund-werkstoffe gibt es im Bereich der Kabine. Hier muss generell Gewicht gespart

---

[43] Vgl. Vuillequez, A.(2010): One 46 S. 25 Es tut sich viel im A350 XWB-Programm.

werden. Außerdem ist die Kabine das Aushängeschild der einzelnen Fluggesellschaften. Diese sind bestrebt, Innovation und „High End"-Technologie zu vermitteln. Ein anderes Szenario wäre der Einsatz von natürlichen Verbundwerkstoffen wie z.B. Holz in der Kabine. Im Zuge des „Green Cabin-Projekts"- dieses soll das Image der Kabine mit Ökoeffizienz der Airbus-Flugzeuge harmonisieren - könnte es zu einer Rückkehr dieses Naturproduktes in den Flugzeugbau kommen. Die sicherheitsrelevanten technologischen Eigenschaften wie Brandverhalten und Entflammbarkeit müssen dann allerdings genau betrachtet werden. Man darf gespannt sein, welchen Anteil an Verbundwerkstoffen die nächste Generation von Flugzeugen haben wird. Dass es jemals ein Flugzeug geben wird, das zu 100% aus Verbundwerkstoffen in der Primärstruktur besteht, scheint aus heutiger Sicht unmöglich. Allerdings dürfte man Flugzeuge, welche aus der natürlichen Verbundfaser Holz bestehen, nicht dazu zählen. Denn solche hat es in der Geschichte der Luftfahrt bereits gegeben. Die nächste Abbildung zeigt das Flugzeug der Gebrüder Wright. Mit ihm fand 1908 der erste Flug über eine Stunde statt. Die Primärstruktur besteht zu 100% aus Verbundwerkstoff.

Aus: Die Praxis des modernen Maschinenbaus, Modell Atlas 1908.

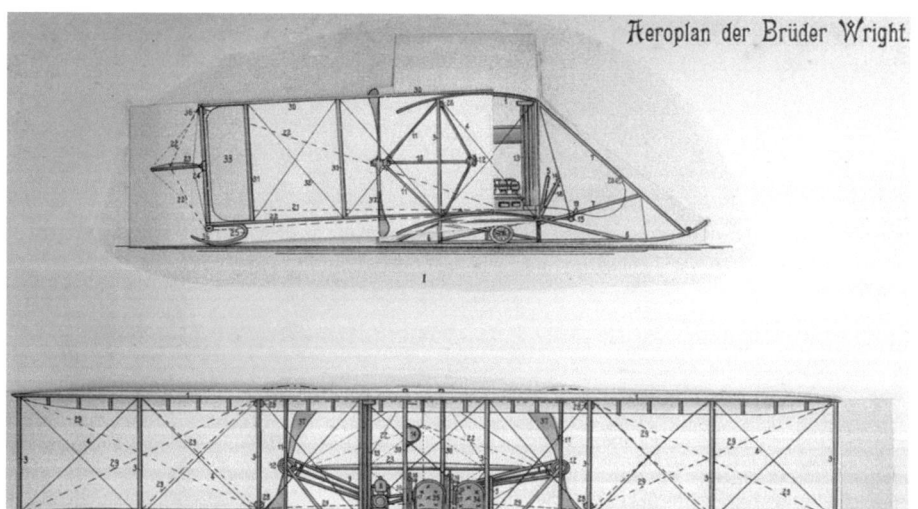

Abbildung 18: Flugzeug der Gebrüder Wright aus 100% Faserverbundwerkstoff

Die Entwicklung eines Flugzeugrumpfs vollständig aus künstlichen Faserverbundwerkstoff läßt sich vielleicht nicht mit der Erzeugung künstlicher Intelligenz oder künstlichen Lebens vergleichen, aber sei sicher ein Quantensprung im Flugzeugbau und eine fantastische Errungenschaft hinsichtlich der Werkstofftechnologie für sämtliche Industriezweige.

Literaturverzeichnis

Ignatowitz, E. (1997): Werkstofftechnik für Metallbauberufe, Haan-Gruiten, 1997

Dobler, H. (2003): Fachkunde Metall, Haan-Gruiten, 2003

Shackelford, J. (2005): Wekstofftechnologie für Ingenieure, München, 2005

Taprogge, R. (1975): Faserverstärkte Hochleistungs-Verbundwerkstoffe, Würzburg, 1975

Rückert, C. (2000): Faserverbundwerkstoffe im Airbus, Stuttgart, 2000

Rückert, C. (2001): Industrielle Anwendung der Faserverbundtechnik IV, Entwicklungstrends am Beispiel des Airbus, Stuttgart, (2001)

Grosjean, E. (2005): A380-800F Overall Materials Selection Presentation, Blagnac, 2005

Elias, H. (1975): Neue polymere Werkstoffe1969-1974, Wien, 1975

Airbus SAS (2005): A330/A340 Family external painting guidelines page, Blagnac, 2005

Räckers, B. (2010): Current Challanges, Hamburg, 2010

Tropis, A. (2009): Structure Vision for Green Aircraft

Figgen, A. (2005): A380, München, 2005

Vuillequez, A. (2009): One 35, Hamburg 2009

Vuillequez, A. (2010): One 46, Hamburg 2010

Vuillequez, A. (2010): One 43, Hamburg 2010

Vuillequez, A. (2007): One 12, Hamburg 2007

Internetquellen

URL_Airbus   http://www.airbus.com/en/careers/FAQs/

URL_Theeuropeanvancompany http://www.theeuropeanvancompany.eu

Anhang

Anhang 1: Verbundwerkstoffe: Kampf dem Übergewicht

Anhang 2: Flugerprobung von Composite-Rumpfschale für die A350 gestartet

Anhang 3: Innovationspreis für CFK-Infusionstechnik

Anhang 4: Innovation Beheizbarer CFK-Vorflügel

Anhang 5: Metallfolie Schützt CFK vor Blitzen

Anhang 6: Neuer Autoklav Für A350 XWB Angekommen

Anhang 7: Stade Celebrates A350 XWB Production Launch

Anhang 1: Verbundwerkstoffe: Kampf dem Übergewicht

24 September 2009

40 years of innovation

VERBUNDWERKSTOFFE: KAMPF DEM ÜBERGEWICHT

Flugzeughersteller waren schon immer davon besessen, das Gewicht der Struktur durch robuste, aber leichte Werkstoffen zu reduzieren.

▷ Artikel |

Vor vierzig Jahren steckten Verbundwerkstoffe noch in den Kinderschuhen. Niemand dachte ernsthaft an den Einsatz kohlefaserverstärkter Kunststoffe (CFK) in Großbauteilen. Im Laufe eines Jahrzehnts änderte sich dies jedoch schnell mit der Entwicklung der A310, einem von der A300 abgeleiteten, kürzeren Baumuster.

„Es war nicht nur eine Frage des Gesamtgewichts, das Flugzeug war im hinteren Teil ein wenig zu schwer", erinnert sich Hartmut Mehdorn, der seinerzeit für die Produktion verantwortlich war. Die Lösung brachte ein Seitenleitwerk aus CFK, durch das das Gewicht um über 250 Kilogramm verringert werden konnte. „Das hat vorher noch niemand gewagt", sagt Mehdorn.

Seit diesem entscheidenden Durchbruch ist die Branche offen für die Potenziale, die Verbundwerkstoffe eröffnen. Der Anteil von Verbundwerkstoffen am Strukturgewicht nimmt mit jedem neuen Airbus-Modell weiter zu. Außerdem werden immer größere und komplexere Bauteile entwickelt. Verbundwerkstoffe machen ein Viertel des Strukturgewichts der A380 aus, bei der zukünftigen A350 XWB werden es mehr als 50 Prozent sein.

Es gibt aber auch Nachteile wie die fehlende elektrische Leitfähigkeit oder Schwierigkeiten bei der Feststellung von Schäden. Zudem sind Verbundwerkstoffe teurer als Aluminiumlegierungen. Dadurch muss Airbus den Einsatz verschiedener Werkstoffe genau abwägen.

„Unser Ansatz ist, den richtigen Werkstoff an der richtigen Stelle einzusetzen - dort, wo er den größten Nutzen bringt. Wir nennen es auch das Konzept der intelligenten Flugzeugzelle", erklärt Alain Tropis, Head of the Airbus Centre of Competence Structure und verantwortlich für die Erforschung und Entwicklung neuer Werkstoffe.

Die Reduzierung des Strukturgewichts durch den Einsatz von Verbundwerkstoffen bedeutet einen geringeren Kraftstoffverbrauch während der Betriebsnutzungsdauer eines Flugzeugs. Und weil Verbundwerkstoffe nicht korrodieren, wird außerdem die zum Schutz der Strukturbauteile erforderliche Menge an Chemikalien reduziert. Daher sind sie ein wesentlicher Faktor bei der Verringerung der Umweltauswirkungen durch den Luftverkehr.

„Durch den Einsatz von Verbundwerkstoffen in der A350 XWB haben wir die Wartungsintervalle der Flugzeuge von sechs auf zwölf Jahre verlängert", fügt Tropis hinzu. „Unsere Kunden profitieren davon erheblich durch die Senkung ihrer Wartungskosten."

44

---

[44] Vgl. Vuillequez, A. (2009)

Anhang 2: Flugerprobung von Composite-Rumpfschale für die A350 gestartet

 | People Link zum Portal

Breaking News   Corporate

15 Sep 2010

Flugerprobung von Composite-Rumpfschale fïʒ½r die A350 XWB gestartet
Von Unternehmenskommunikation

Tests zur Schallisolierung

Produktion in Illescas

Airbus hat mit der Flugerprobung eines dem Baustandard entsprechenden Rumpfschalensegments aus kohlefaserverstïʒ½rktem Kunststoff (CFK) begonnen. Das 15 mïʒ½ groïʒ½e Bauteil (siehe Bild) wird anstelle eines A340-Schalensegments aus Aluminium in das Airbus-Testflugzeug A340 MSN001 eingebaut. Die Versuche sind Teil eines dreiwïʒ½chigen Programms zur Auswertung der Schalldïʒ½mmungseigenschaften von CFK bei Druckbeaufschlagung sowie zur Feinabstimmung der Schallisolierung der A350 XWB-Kabine. Das CFK-Panel, das am Airbus-Standort in Nantes gefertigt wurde, ist mit Mikrofonsensoren ausgestattet und wird mit unterschiedlichen Materialien zur Schallisolierung erprobt.

Jïʒ½ngste Hïʒ½hepunkte bei der Fertigung der A350 XWB: Die Fertigung von Groïʒ½bauteilen fïʒ½r die A350 XWB ist nun an verschiedenen Airbus-Standorten in vollem Gange. Zuletzt wurde im August im spanischen Illescas und in Stade mit der Fertigung der Flïʒ½gelunter- bzw. Flïʒ½geloberschalen begonnen.

Einer der frïʒ½heren Meilensteine bei der Fertigung der A350 XWB war die Fertigung des ersten Composite-Bauteils fïʒ½r den Flïʒ½gelmittelkasten der A350 XWB im Dezember 2009 in Nantes.

45

---

45 Vgl. Vuillequez, A. (2010)

Anhang 3: Innovationspreis für CFK-Infusionstechnik

Premium AEROTEC

INNOVATIONSPREIS FÜR CFK-INFUSIONSTECHNIK

Die Premium AEROTEC wurde am 24. März in Paris mit dem "JEC Innovation Award 2009" in der Kategorie Luftfahrt ausgezeichnet. Dieser Innovationspreis wird jährlich anlässlich der "JEC Composites Show" für die besten Neuentwicklungen im Bereich Faserverbundwerkstoffe verliehen. Eine internationale Jury zeichnete dabei das in Augsburg entwickelte und für den Konzern patentierte VAP®-Verfahren (VAP = vacuum assisted process) aus, mit dem sich Großbauteile aus CFK kostengünstiger, schneller und leichter las bisher fertigen lassen.

Artikel |

Während bei herkömmlichen Bauweisen von Flugzeug-Strukturbauteilen die Längsversteifungen ('Stringer') noch in einem separaten Montageprozess mit der Außenhaut ('Skin') verbunden werden mussten, erfolgt die Verbindung bei diesem neu entwickelten Verfahren in nur noch einem Herstellungsschritt, bei dem die Stringer und Skin in einem integrierten Prozeß gefertigt werden ('one shot'). Dies spart nicht nur teure Montagezeit, sondern auch Tausende Verbinder zwischen Skin und Stringer - und damit Gewicht: Verglichen mit herkömmlichen Verfahren entfallen bei dem prämierten Bauteil - das obere Frachttor für die A400M - etwa 3.000 Verbindungselemente.

Dieses rund 7x4 Meter große Bauteil ist weltweit die bisher größte in Infusionstechnik und integraler Bauweise hergestellte CFK-Flugzeugstruktur, die in einem mit Druck beaufschlagten Flugzeugrumpf zum Einsatz kommt. Ermöglicht hat den Bau dieses technologischen Novums das VAP®-Verfahren, bei dem mittels Vakuumunterstützung Harz in das Carbon-Gewebe infiltriert wird. Ein Vorteil dieser neuen Technologie: Auf teure Autoklave kann verzichtet werden; zur Aushärtung des Harzes genügt ein temperaturgesteuerter Ofen. Neben den Kostenvorteilen verkürzt diese patentierte Technik im Vergleich zu herkömmlichen Verfahren die Herstellungsdauer und reduziert das Gewicht der Bauteile.

Hans Lonsinger, Vorsitzender der Geschäftsführung von Premium AEROTEC, kann sich vorstellen, diese Technologie auf andere Wirtschaftszweige - z. B. Verkehrstechnik, Maschinenbau oder Energietechnik - auszuweiten. „Die VAP®-Technologie ist weltweit einmalig und wird nicht nur neue Maßstäbe im Flugzeugbau setzen, sondern sich auch in anderen Wirtschaftszweigen durchsetzen," sagte er bei der Verleihung des Innovationspreises.

Das in VAP®-Technologie hergestellte Frachttor ist während der "JEC Composites Show" in Paris vom 24. bis 26. März im Bereich "Showcase" zu besichtigen. Die Premium AEROTEC ist sowohl auf dem Messestand des CFK-Valley Stade als auch auf dem Gemeinschaftsstand des Carbon Composites e.V. vertreten.

46

---

[46] Vgl. Vuillequez, A. (2009)

Anhang 4: Innovation Beheizbarer CFK-Vorflügel

Innovation
METALLFOLIE SCHÜTZT CFK VOR BLITZEN

Kohlefaserverstärkter Kunststoff (CFK) ist aufgrund seines geringen Gewichts und seiner guten Korrosionseigenschaften in zunehmendem Maße die erste Wahl als Werkstoff für Flugzeugstrukturen. Das Material stellt die Konstrukteure in puncto Sicherheit jedoch noch vor einige Probleme. Dazu gehört auch der Blitzschutz.

Artikel

Striking: The design principles team are using metallic foil to improve CFRP lightning protection.

Ein eigens zusammengestelltes Team von Airbus-Ingenieuren leistet dabei Unterstützung in Form von Design Principles (Konstruktionsrichtlinien) für alle Sektionen der A350 XWB, deren Rumpf aus CFK besteht. Ein Ziel des Teams bestand darin, eine Lösung für den Schutz von CFK-Strukturen vor Blitzschlag zu fin-den. Der elektrische Widerstand des Materials ist größer als der von Metallstrukturbauteilen. Außerdem sind Verbundwerkstoffe hitzeempfindlich. Wenn es jedoch zu einem Blitzschlag kommt, muss die elektrische Energie ebenso effektiv über die CFK-Hautfelder geleitet werden wie über Flugzeugzellen aus Metall.

Guillaume Delest, ein junger Composite Designer aus dem A350 XWB Non-Specific Design Team, hat an der Entwicklung einer Lösung mitgewirkt, bei der Metallfolien zum Einsatz kommen. Die in die CFK-Panels des Flugzeugs eingebetteten Folien bewirken, dass sich eine elektrische Ladung so schnell wie möglich verteilt. Hierdurch wird die CFK-Struktur ebenso beständig gegen Blitzschlag wie eine Flugzeugzelle der Airbus-Single Aisle-Familie. Die aus CFK bestehende hintere Rumpfsektion der A380 ist bereits mit einer Bronzefolie versehen. Die Idee ist also nicht vollkommen neu und wurde bereits im Betrieb getestet. Im Unterschied dazu wird die Folie bei der A350 XWB aus Kupfer bestehen, das eine höhere elektrische Leitfähigkeit besitzt und daher eine schnellere Blitzableitung ermöglicht.

Die Blitzschlagversuche an Airbus-Komponenten werden in unabhängigen Laboren durchgeführt, vor-nehmlich im Laboratorio Central Oficial de Electrotec-nica in Madrid sowie bei Culham in Großbritannien. „Die bisherigen Ergebnisse sind vielversprechend", erklärt Delest. „Bei simulierten Blitzschlägen an CFK-Kompo-nenten wie zum Beispiel Querstoßlaschen wurde die geforderte Ladungsverteilung erreicht." Als Nächstes werden spezifische Reparaturlösungen für durch Blitz-einschlag verursachte Schäden entwickelt.

„Wir sind zuversichtlich, dass sich der Einsatz von Metallfolien als eine effektive Technik erweisen wird, die nicht nur die Sicherheit der Passagiere an Bord der A350 XWB, sondern auch für alle in der Zukunft mit CFK gebauten Flugzeuge erhöhen wird", so Delest.

Anhang 5: Metallfolie Schützt CFK vor Blitzen

Innovation
METALLFOLIE SCHÜTZT CFK VOR BLITZEN

Kohlefaserverstärkter Kunststoff (CFK) ist aufgrund seines geringen Gewichts und seiner guten Korrosionseigenschaften in zunehmendem Maße die erste Wahl als Werkstoff für Flugzeugstrukturen. Das Material stellt die Konstrukteure in puncto Sicherheit jedoch noch vor einige Probleme. Dazu gehört auch der Blitzschutz.

Artikel

Striking: The design principles team are using metallic foil to improve CFRP lightning protection.

Ein eigens zusammengestelltes Team von Air-bus-Ingenieuren leistet dabei Unterstützung in Form von Design Principles (Konstruktionsrichtlinien) für alle Sektionen der A350 XWB, deren Rumpf aus CFK besteht. Ein Ziel des Teams bestand darin, eine Lösung für den Schutz von CFK-Strukturen vor Blitzschlag zu fin-den. Der elektrische Widerstand des Materials ist größer als der von Metallstrukturbauteilen. Außerdem sind Verbundwerkstoffe hitzeempfindlich. Wenn es jedoch zu einem Blitzschlag kommt, muss die elektrische Energie ebenso effektiv über die CFK-Hautfelder geleitet werden wie über Flugzeugzellen aus Metall.

Guillaume Delest, ein junger Composite Designer aus dem A350 XWB Non-Specific Design Team, hat an der Entwicklung einer Lösung mitgewirkt, bei der Metallfolien zum Einsatz kommen. Die in die CFK-Panels des Flugzeugs eingebetteten Folien bewirken, dass sich eine elektrische Ladung so schnell wie möglich verteilt. Hierdurch wird die CFK-Struktur ebenso beständig gegen Blitzschlag wie eine Flugzeugzelle der Airbus-Single Aisle-Familie. Die aus CFK bestehende hintere Rumpfsektion der A380 ist bereits mit einer Bronzefolie versehen. Die Idee ist also nicht vollkommen neu und wurde bereits im Betrieb getestet. Im Unterschied dazu wird die Folie bei der A350 XWB aus Kupfer bestehen, das eine höhere elektrische Leitfähigkeit besitzt und daher eine schnellere Blitzableitung ermöglicht.

Die Blitzschlagversuche an Airbus-Komponenten werden in unabhängigen Laboren durchgeführt, vor-nehmlich im Laboratorio Central Oficial de Electrotec-nica in Madrid sowie bei Culham in Großbritannien. „Die bisherigen Ergebnisse sind vielversprechend", erklärt Delest. „Bei simulierten Blitzschlägen an CFK-Kompo-nenten wie zum Beispiel Querstoßlaschen wurde die geforderte Ladungsverteilung erreicht." Als Nächstes werden spezifische Reparaturlösungen für durch Blitz-einschlag verursachte Schäden entwickelt.

„Wir sind zuversichtlich, dass sich der Einsatz von Metallfolien als eine effektive Technik erweisen wird, die nicht nur die Sicherheit der Passagiere an Bord der A350 XWB, sondern auch für alle in der Zukunft mit CFK gebauten Flugzeuge erhöhen wird", so Delest.

47

---

[47] Vgl. Vuillequez, A. (2010)

Anhang 6: Neuer Autoklav Für A350 XWB Angekommen

Premium Aerotec

NEUER AUTOKLAV FÜR A350 XWB ANGEKOMMEN

Bei Premium Aerotec in Nordenham ist der neue Autoklav für die Herstellung der vorderen Rumpfsektion der A350 XWB angeliefert worden. Der riesige, 27 Meter lange und im Durchmesser acht Meter hohe Druckofen wird in der neuen A350-Halle aufgestellt.

Artikel |

320 Tonnen schwer, 21 Meter Nutzlänge, über sieben Meter Nutzdurchmesser - mit diesen gewaltigen Maßen übertrifft der neue Autoklav den bisher größten Druckofen in Nordenham deutlich. Der ältere Autoklav für die Fertigung der GLARE-Schalen des Airbus A380 hat eine Nutzlänge von „nur" 15 Metern und einen Innendurchmesser von 4,50 Metern. In dem neuen „Koloss" - Herstellungskosten: sechs Millionen Euro - können A350 XWB-Rumpfschalen von bis zu 17,8 mal 5,6 Meter ausgehärtet werden.

Das Prunkstück wird in den nächsten Tagen in der neuen, noch im Bau befindlichen A350-Produktionshalle aufgestellt. Dafür wurde in der rund 28.000 Quadratmeter großen Halle eigens ein zusätzliches Fundament gebaut. Die Installationsphase des Druckofens dauern bis in den Dezember.

Zum Jahreswechsel soll der neue Druckofen seinen ersten Aushärtezyklus fahren und dann ab Frühjahr 2010 für die Produktion der CFK-Schalen des Airbus A350 XWB bereit stehen.

Werkleiter Helmut Färber freut sich über die Anlieferung des Autoklaven: „Heute sind wir die Nummer 1 in der Fertigung von Metall-Schalen für Airbus. Mit den Investitionen, die in den nächsten zwei Jahren hier in Nordenham realisiert werden, streben wir diese Position auch im Bereich der Kohlefaserfertigung an. Mit dem Autoklaven ist ein wichtiges Element dazu am Standort eingetroffen." Dr. Dieter Meiners, Leiter Fertigung und COO (Chief Operating Officer) der Premium Aerotec, unterstreicht: „Dieser Tag setzt ein Zeichen für unsere Investitionen in die Zukunft, für unser Vertrauen in unsere Mitarbeiter, und für unser Ziel, unsere führende Position im Bereich der Flugzeugstrukturen zu sichern und auszubauen."

In Nordenham werden ab 2010 für die vorderen A350 XWB-Rumpfsektionen (Sektion 13/14) je zwei Seiten- sowie Ober- und Unterschalen gefertigt und dann zur kompletten Rumpfsektion inklusive Fußbodenquerträgern integriert. Der Aufbau der neuen Harzfaser-Legemaschine (Fiber-Placement-Anlage) für die CFK-Rumpfschalen soll im ersten Quartal 2010 erfolgen. Sie wird ebenfalls in der neuen A350-Produktionshalle installiert.

48

---

[48] Vgl. Vuillequez, A. (2010)

Anhang 7: Stade Celebrates A350 XWB Production Launch

STADE CELEBRATES A350 XWB PRODUCTION LAUNCH

INCLUDES VIDEO: Stade's brand new hangar 60 is as big as four football pitches. As from now, it's here that upper wing shell for the A350 XWB will be manufactured, from carbon fibre reinforced plastic (CFRP). On 31 August, a celebration accompanied the launch of production of the first A350 XWB component.

Article | Photos | Videos

"Revolution" and "superlative" were the most common descriptions in the celebratory speeches given in Hangar 60. The A350 XWB completes a revolution in aircraft construction - "the quantum leap from the age of metal to the era of CRFP", as Dr Jochen Kopp, head of industrialisation and production for the A350 XWB in Stade, highlighted. "We are witnessing a piece of aircraft history," enthused Peter Hintze, Parliamentary Secretary of State and German Government Aerospace Coordinator.

Pushing the button: Peter Hintze, Tom Enders, Gerald Weber, Dr. Jens Walla, Dr. Jochen Kopp (from the left).

There is no shortage of superlatives for the new long-haul aircraft with an extra wide fuselage. Fifty-three per cent of the A350 XWB will be made from CRFP, offering the greatest proportion of carbon fibre to date. It will be the most ecologically efficient and most comfortable aircraft in its class. Stade will also be home to production of the biggest single-piece CFRP component ever manufactured by Airbus: the A350 XWB's double curved upper wing shell, 31.6 metres long and measuring 5.6 metres at its widest point. The skin of the wing shell is being manufactured using the most advanced technology. For the first time, a tape layer automates the process of laying the lightning strike component as well as the carbon fibre. The components are then hardened in the autoclave. 300 metres of stringers are installed on each shell: these longitudinal reinforcements are now manufactured in a flow process. Airbus is using a dedicated flow-line production system measuring 140 metres in length. When production is operating at full capacity, 26 wing shells will be manufactured each month. A lifting device made of CRFP was specially developed in Belgium in order to transport the long wing shell during production without deforming or damaging it. It is scheduled to enter operation in mid-September.

Airbus' Stade site is one of three CRFP Centres of Competence. In 1983, the first vertical tail plane for the A310 was manufactured here from CRFP. Today, the vertical tail planes of all Airbus aircraft are manufactured from the material and are 'made in Stade'. However, the site will change its role for the vertical tail plane of the A350 XWB - from manufacturer to architect and integrator. The objective is to integrate all supplier components needed to form a vertical tail plane in a new assembly line, located in Hangar 7.

The site is currently gearing up for another challenge: production of A350 XWB fuselage shells. Reference shells are being developed in an initial stage, measuring 14 metres in length and four metres in width. Production is projected to run at full capacity in 2016 and more than 500 employees are then likely to be working on the new aircraft. "The next three years are the 'hot' phase," said Airbus president and chief executive officer Tom Enders. "During this time, we have to prove that we have learned our lessons and can anticipate events. We are embarking on a ride through hell." Secretary of State Hintze added that he was confident that the journey would end in a "heavenly aircraft".

49

---

[49] Vgl. Vuillequez, A. (2010)